浙江省社科联社科普及课题成果

"石头的故事"
丛书

丛书主编：丁小雅　郑　剑　郑丽波
副主编：杨　磊　程团结　陈　祥
　　　　郑鸿杰　陈　越

大地的轮廓

方雨辰　郑　剑　丁小雅
郑丽波　项丰瑞　陈嘉琦　著

浙江工商大学出版社 | 杭州
ZHEJIANG GONGSHANG UNIVERSITY PRESS

图书在版编目(CIP)数据

大地的轮廓 / 方雨辰等著. — 杭州 : 浙江工商大学出版社,2022.10(2023.1重印)

(石头的故事 / 丁小雅,郑剑,郑丽波主编)

ISBN 978-7-5178-5010-6

Ⅰ. ①大… Ⅱ. ①方… Ⅲ. ①岩石－普及读物 Ⅳ. ①P583－49

中国版本图书馆CIP数据核字(2022)第109937号

大地的轮廓
DADI DE LUNKUO

方雨辰　郑　剑　丁小雅　郑丽波　项丰瑞　陈嘉琦　著

策划编辑	任晓燕
责任编辑	熊静文
责任校对	何小玲
封面设计	望宸文化
责任印制	包建辉
出版发行	浙江工商大学出版社
	(杭州市教工路198号　邮政编码310012)
	(E-mail: zjgsupress@163.com)
	(网址:http://www.zjgsupress.com)
	电话:0571-88904980,88831806(传真)
排　　版	杭州彩地电脑图文有限公司
印　　刷	杭州高腾印务有限公司
开　　本	880 mm×1230 mm　1/32
印　　张	5.125
字　　数	85千
版印次	2022年10月第1版　2023年1月第2次印刷
书　　号	ISBN 978-7-5178-5010-6
定　　价	36.00元

"石头的故事"丛书总序

　　时光荏苒，从嘉兴南湖的红船，到神舟十四号飞船，中国共产党已然成立 100 周年。遥忆 1 个世纪前的中国，积贫积弱，风雨飘摇，有识之士们请来了"德先生"和"赛先生"，解放思想，引领新文化运动，并诞生了中国共产党，最终推翻"三座大山"，成立了新中国。

　　经过 70 多年的努力，新中国发展的速度、取得的成就让世界瞩目，载人航天、深海探测、高铁、5G 等技术全球领先。但同时，我们也应清楚地认识到自身存在的不足：石油、铁矿石等矿产资源严重依赖进口，芯片、工业软件等领域受人制约。为什么我们有些矿产如稀土、煤炭资源丰富，有些矿产如石油、金刚石却相对匮乏？芯片是由什么材料制作的？高铁为什么跑那么快？这些问题，牵动着许多国人的心。如何把这些问题讲通讲透，让每一位充满好奇心的朋友都能找到答案，这就需要求助我们的老朋友——"赛先生"。

把科学知识讲得通俗易懂，就是科普。2002 年 6 月 29 日，我国第一部关于科普的法律——《中华人民共和国科学技术普及法》正式颁布实施。2005 年伊始，为方便活动展开，将每年 9 月第三个公休日作为全国科普日活动集中开展的时间。

我的学生郑丽波博士，带领她的团队，一直在从事地质科普工作。他们最近编了一套书，讲述了许多生动有趣的石头小故事。什么是花岗岩？什么是玄武岩？为什么《红楼梦》又叫《石头记》？为什么丝绸之路上有这么多石窟？美丽的化石是怎么形成的？又如何来指示年代？所有的问题，都可以在这套书中找到答案。

科普工作的种种努力，是希望能在人们心中种下一颗好奇的种子，在合适的时机生根发芽，茁壮成长。我希望，像郑博士这样从事科普的同志能再多一些，热爱科学的孩子能更多一些，播撒出足够多的种子，才有更多希望长出参天大树。

浙江大学教授、中国科学院院士　杨树锋

2022 年 6 月

前　言

石头是什么？

在科学家眼里，普通人话语中的石头，它的大名叫岩石，是按一定方式结合而成的矿物集合体；而在珠宝商眼里，是漂亮的、可以用作装饰的美玉和宝石；在阿婆眼里，是秋天用来压咸菜的好工具；在孩童眼里，是打水漂时轻盈的"水上飞"……

对我们大部分人来说，石头就如一个熟悉的陌生人。之所以熟悉，是因为它们常见，比如路上，会有石头默默地做着铺路的工作，脚边有石头那就是常态，所以我们没有人不知道世上有石头这样一种存在；而之所以陌生，是指多数时候，石头不被关注，我们通常也不认识它们，只是大略地把它们归为一类。偶尔见到一些漂亮的石头，或许会惊呼，却也只是说："哇，好漂亮的石头！"多数人叫不出它们的名字。

那么，请到这里来。

这里即将为您打开的，是一个石头的世界，关于它们的由来、它们的名字、它们的相互关系。

岩石和我们一样，拥有一个大家庭——热情澎湃的火成岩、饱经风霜的沉积岩、历尽千锤百炼的变质岩。如果把变化当作生命的一种特征，那么也可以说，石头是有生命的。它也像人一样有着各种各样的性格，并经历着生老病死。"性格决定命运"，不同的岩石也因为它们不同的品性，形成了千奇百怪、各有特色的形态，从而构成了我们所见到的丰富多彩、姿态万千的"大地的轮廓"。

除了担当大地轮廓这样的重任，岩石还细致入微地出没于我们的生活中，小到装饰家具，大到修桥造路，处处有岩石的身影。岩石仿佛就是我们中的一员，一位亲密的老朋友。

为了介绍这位朋友，本书安排了"岩石星球""热情澎湃火成岩""温柔细腻沉积岩""融会贯通变质岩"4个篇章，说一说它的来处和去处，以及它精彩的故事。

　　期待本书能为阅读到它的您，带来关于岩石的新体验，并激发起关于岩石新的思考与探索。

目　录

第一章

　　浩瀚宇宙中，地球不倦地运转了46亿年。从最初的炽热岩浆喷涌，到现在的和煦温暖，地球经历千回万转，终成人类的宜居家园。它的

岩石星球

物质元素，构成了我们的身体；它的坚实外壳，给了我们栖息的场所。

它是如此重要，人类始终想要知道更多关于它的信息，它的过去及未来。

一、地球的起源与圈层

　　从前有个杞国人，看到天地之间无物支撑，不禁担忧：这天会不会塌下来？这地会不会陷下去？这日月星辰会不会掉下来？终日惶惶不安。这就是杞人忧天的故事。古人掌握的知识有限，有这些担忧也是可以理解的。那亲爱的读者，你是否也会有这种困惑呢？这天地星辰，又究竟是如何形成的，是盘古开天地，还是女神盖亚孕育大地，或是上帝创造了世界呢？

　　46亿年前，太阳星云中心坍缩，星云中大部分物质形成了太阳，

剩余的气体与尘埃在不断集聚碰撞的过程中，形成了多个球体，其中一颗由岩浆组成的炽热火球，就是地球。在不断旋转的过程中，地球上密度大的物质向地心移动，密度小的物质浮到表面。随着时间的推移，地表的温度不断下降，表面的岩浆逐渐降温凝固，形成了一层硬壳，我们生活的这颗岩石星球就这样诞生了。

　　地球形成后，炽热的岩浆使其中的气体，如水蒸气、二氧化碳等，大量挥发出来，形成了原始大气。随着热量的进一步散失，温度下降，水蒸气冷凝形成了液态水落回到地表，覆盖在岩石表面，形成了原始海洋，让这颗星球不再只有单调的陆地，而最早的生命就在这样的环境中诞生了。从细微的原始生物到巨大的恐龙，地球见证了各种生命的兴衰，而如今站在舞台中央的正是我们人类。如果把地球的历史比作 24 小时，那么在 23 点 59 分 40 秒的时候，人类才诞生。我们无法回到过去目睹地球的曾经，但我们可以通过一

块块岩石与地球交流，听大地母亲讲那过去的事情。

近百年来，人类在宇宙探索上突飞猛进，我们可以借助望远镜观测到130亿光年以外的宇宙空间，也可用火箭将宇航员、探测器送到宇宙空间中去，但是上天容易入地难，我们至今无法进入地球内部进行直接观测。

地球是什么形状的？地球的内部又是什么？在科技并不发达的古代，许多学者都尝试说明地球的形状。早在2000多年前的周朝，就有"天圆如张盖，地方如棋盘"的天圆地方思想。而汉朝的张衡则说："浑天如鸡子，天体圆如弹丸，地如鸡中黄，孤居于内，天

大而地小。天表里有水，天之包地，犹壳之裹黄。天地各乘气而立，载水而浮。"他认为天像鸡蛋一样充满水，天的形状如鸡蛋一样是椭圆的，大地就像鸡蛋中的蛋黄漂浮在天中。而在古希腊，哲学家阿那克西曼德则认为，万事万物都是公平的，所以地球与其他的宇宙天体应该是等距的，地球应该是柱状的。

　　直到现在，我们依然无法亲身到达地球内部，只能通过间接的方法，比如研究地震和火山、模拟实验等来推测地球内部的结构。地震波中含有横波和纵波，纵波在固体、液体中均能传播，横波却只能够在固体中传播。利用地震波的特性，科学家们推测出地球的内部结构是由 3 个圈层——地壳、地幔和地核组成的。

鸡蛋，相信大家都吃过，同样可分为3层：蛋壳、蛋清和蛋黄。地壳和蛋壳类似，位于最外层，它是由岩石组成的固体外壳，也是3个部分中最薄的一层，厚度平均17千米，一般为30千米，个别地方可达

地球内部结构

70千米。相比这些尺度来说，人类目前的钻井深度依然达不到钻透的要求。

地幔就像蛋清，是地球的中间层，它与地壳的分界面被称为莫霍面。1909年，南斯拉夫地震学家莫霍洛维奇在研究萨拉布地区

的一次地震时，发现地震波在传到地下 50 千米处时波速发生了明显的变化，纵波与横波的速度都激增，标志着物质组成发生了突变。后经观测证实，这一间断面不仅在欧洲，而且在全球都普遍存在。后来，人们就把这个面称为莫霍面。地幔是地球内部质量最大、体积最大的一层。地幔分为上、下 2 层，在上地幔的顶部存在着一个会缓慢"流动"的软流层，这里的物质部分呈熔融状态，也被认为是岩浆的发源地。

地球的最内层是地核，就像鸡蛋的蛋黄。地核与地幔的分界面叫作古登堡面。它的命名是为了纪念发现它的美国地震学家——古登堡。1914 年，古登堡在研究地震波时发现在地下大约 2900 千米处，横波突然消失了，只剩下了纵波。这说明出现了另一个分界面，而且分界面下的物质是液体。地核分为内核和外核。外核的物质在高温高压的环境下呈液态或熔融状态；内核是固态的，主要由铁、镍

元素组成,这也是地球产生磁场的原因。

地球外部也存在着几个圈层:大气圈、水圈与生物圈。这些圈层各具特色又彼此交融,共同为地球上的生物创造了一个美丽的家园。

二、漂浮的大陆

如果你的手边有张世界地图，让我们假设用鼠标可以自由移动地图上的大陆，来玩个漂移游戏吧。请把视线放在南美洲东海岸和非洲西海岸，用玩拼图的手法，将两个大陆合并在一起。见证奇迹！我们发现这两条海岸能够较好地拼接在一起，特别是巴西东部的直角突出部分，与非洲西岸凹入大陆的几内亚湾几乎能够完美拼接！

这正是 100 多年前发生的故事的再现。

那时，年轻的德国气象学家魏格纳，因身体欠佳躺在病床上。百无聊赖中，他盯上了墙上的世界地图，也和我们一样做了一个"拼接大陆"的游戏。"难道本来这两块大陆就是贴合在一起的吗？是因为各种因素而分离了吗？"这样的想法在他的脑海中浮现。他顺

着这个想法，经过了多年的研究，提出了"大陆漂移"假说。

后来的科学家们在魏格纳的假说基础上不断完善改进，进而提出了"板块学说"。软流圈以上的上地幔顶部和地壳合称为岩石圈。岩石圈被分割为六大板块：亚欧板块、太平洋板块、美洲板块、非洲板块、印度洋板块、南极洲板块。有的板块以陆地为主，被称为大陆板块；以海洋为主的板块，则被称为大洋板块。这些板块就像一艘艘巨大的舰船，在软流圈上缓慢漂游，引发了许多沧海桑田的故事。其间，有的板块之间生长出地壳新的部分，而导致两个板块渐行渐远，分道扬镳，因此，它们的分界处被称为生长边界。而处在海洋中的生长边界处往往会形成海岭，大西洋中脊的"S"形海岭就是典型的代表，它的规模远远超过世界陆地上的任何山脉。

　　有的板块想要硬碰硬，发生了碰撞，它们的交界处叫作消亡边界。板块在陆地上的相撞，会使地壳高高隆起，形成巍峨的高山、高原，我国的"世界屋脊"青藏高原就是亚欧板块和印度洋板块碰撞抬升形成的。当碰撞发生在海洋与陆地的交接处，则会形成岛弧和海岸山脉：东亚花彩列岛（包含堪察加—千岛岛弧、日本岛弧、琉球岛弧和台湾—菲律宾岛弧）总长达1万多千米，是世界海洋中最长的岛弧；美国西部高耸的落基山脉则是大洋板块与大陆板块碰撞形成的海岸山脉。

　　板块学说解释了许多宏观地形的成因，是目前较为流行的学说，但它依然存在着许多不足与问题，依然有许多问题无法解释。或许会被继续完善，也或许会被推翻，被新的学说取代。说不定恰巧你就是推动它进步的人哦！

三、岩石大家族族谱

　　庞大的岩石家族组成了岩石圈，包裹着地球。我们常常说要"脚踏实地"，说明了"实地"的决定性作用。正是坚硬的岩石给我们提供了坚实的基础，让我们能够立足于地球之上生存、生活。

　　接下来将要讲的故事，都发生在岩石圈。我们在泱泱岩石圈中选择部分常见的、具有代表性的岩石，按家谱的形式，来认识它们和它们所属的家族。

【普序】

岩石家族记录了 40 多亿年的地球历史，拥有过人的功绩。已发现的且目前仍健在的岩石老祖已有 40 多亿岁的高龄。家族中也不断有新生的宝宝，例如在海沟深处隐秘地形成新岩石，在火山爆发之际高调地更新换代。岩石家族数量庞大，历史悠久，各具特色。

【恩荣】

岩石家族形成地球的坚实表面，记录地球的漫长历史，为人类文明发展提供基础和条件。它经久、可靠，被人类视作长久的象征。

【谱系】

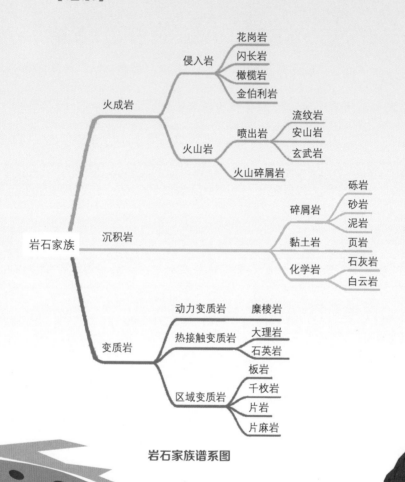

岩石家族谱系图

【谱系简介】

根据形成过程的异同，岩石可分为火成岩、沉积岩、变质岩 3 个家族。火成岩与岩浆活动、火山喷发密切相关，经受高温、高压及温度、压力的急剧变化，它们从组成到结构，都带上了高温与高压的印记，在峥嵘岁月中爆发性生长。沉积岩的形成，往往经过漫长的道路、悠长的时间、数百万年的积淀，有的外表带上了美丽的条纹。变质岩是个集大成者，或者可以说通过"东北乱炖"般的容纳术，融各种原岩为一体，最终形成自己的个性。

那么，接下来，就让我们走进石头的世界，去了解它们各自的故事吧。

第二章

　　火成岩又叫岩浆岩，顾名思义，它就是岩浆冷却后形成的岩石。火成岩是地壳重要的组成部分，体积占据了地壳岩石体积的一半以上。根据形成位置的不同，我们常常把火成岩分为两大类——侵入岩与喷出岩。

　　岩浆形成于地壳深处岩浆房中，是一种特别的熔融体。岩浆房高温高压的环境驱使它们向常温常压的地表涌动，等待一有空间就沸腾的时刻。

热情澎湃火成岩

但是因机缘巧合，有的岩浆在涌动途中就慢慢冷却，在地下深处形成了侵入岩，如花岗岩、闪长岩等；而有的岩浆到达了爆发的光辉瞬间，冲出地表，在大地上留下它们逶迤的身姿，这就是喷出岩，如流纹岩、安山岩、玄武岩等。

下面，我们将为您介绍常见的火成岩和它们相应的地貌特点。

一、花岗岩与黄山

　　小学课本里有一篇课文名为《黄山奇石》，里面写到过一块叫"猴子观海"的奇石："它两只胳膊抱着腿，一动不动地蹲在山头，望着翻滚的云海。""猴子观海"是著名的怪石景点之一，如果您有幸去黄山，登上狮子峰猴子观海观景台，就能看到这块怪石如猴蹲坐，云起时静观云海起伏，云散后远眺太平县，所以它也叫"猴子观太平"。这么一块怪石怎么会突兀地出现在山峰的平顶呢？这就要从构成它的岩石——花岗岩说起了。

　　花岗岩，其得名与它的粒状结构所形成的"花"般斑纹及坚硬的质地有关。这个名字形象地描述了花岗岩矿物的组成特点。

长石晶体

花岗岩矿物由一组浅色矿物及一组暗色矿物组成。浅色矿物主要有无色的石英，肉红色、白色的长石。暗色矿物主要由黑色的黑云母及灰绿色的辉石、角闪石等矿物晶体组成。

这些矿物紧密相嵌，随机分布，形成了天然的美丽花斑。长石和石英硬度都很高，它们互嵌互锁形成了花岗岩的框架结构，让花岗岩十分坚硬和稳定，既有美丽的花纹又坚固不易风化。花岗岩分布广泛，成为我们生活中一种非常重要而普遍的装饰石材，一些高楼大厦的外立面，或是门前的石狮子、公园里的石桌石椅等，

石英晶体

碱性花岗岩（肉红色碱长石）

花岗岩 / 刘远栋摄

只要您用心观察，就能发现它的身影。

而黄山，整体上就是一块巨大的花岗岩体。远古时期，大量的岩浆在地底缓慢冷凝成岩，在后期的地壳活动过程中发生整体抬升。接着，经亿万年的风吹雨打，花岗岩体周围的岩石因比较软弱而被剥蚀殆尽，只留下了坚硬而巨大的花岗岩体，这就是黄山的粗坯。

花岗岩虽然坚硬，但也有它的环境适应性。高温高

压的岩浆在成岩过
程中，因冷却收缩
而形成了一些细微
的裂缝，露出地表
后，昼夜温差变化
带来的热胀冷缩、
风雨冰雪的侵蚀、
植物根系的根劈，
都会让原本微小的
裂缝不断扩大崩解，
从而形成独特的花
岗岩地貌，如"猴

花岗岩体的裂缝

子观海"、天柱峰、一线天等。因此也形成了我们现在看到的千峰
竞秀、万壑峥嵘的黄山。

黄山日出 / 李海亭摄

鼓浪屿日光岩

温州南麂岛花岗岩风化形成的石蛋 / 李海亭摄

　　花岗岩形成的名山、名岛众多，除黄山外，还有泰山、华山、衡山、庐山、三清山、九华山、普陀山、鼓浪屿、南麂岛等。普陀山的磐陀石，是花岗岩球形风化形成的石蛋；三清山的"巨蟒出山"，高达128米，是巨型的花岗岩石柱；还有"自古华山一条道"的悬崖绝壁等……这些都是典型的花岗岩地貌。

二、游戏与现实中的闪长岩

在一款方块类生存沙盒游戏中，玩家扮演主角在由无数方块随机组成的世界中自由徜徉。当他在矿洞里寻找稀有的钻石时，身边会有一些灰黑色的岩石。

这种岩石的名字叫闪长岩。

游戏中的闪长岩是一种花纹美丽且能够防爆的建筑石材，常常被一些玩家用来装饰自己的小屋，并且常与另一种火成岩——花岗岩一起出现。

现实中，闪长岩与花岗岩有许多共同之处。它们的形成过程十

闪长岩 / 刘远栋摄

分相似，都是岩浆入侵后冷凝，在较深位置形成的侵入岩；两种岩石在外观上也有几分相像，都有美丽的花斑、明显可辨的颗粒结晶。正因如此，现实中也有许多时候，特别是用作建材的时候，它们常常会被混为一谈。

但实际上，两者有明显区别。岩浆岩中的化学组分，以二氧化硅为标志，按其在岩石中的比例由高到低，分别划分为酸性岩、中性岩、碱性岩。花岗岩是酸性岩，闪长岩是中性岩。由于它们二氧化硅含量的不同，其相应的钙、镁、铁等金属元素成分也发生了变化，最终导致两者岩石矿物组分的差异。

闪长岩，从其名字中就可以看出，其主要的矿物组分是角闪石和斜长石，此外含有少量的石英、黑

角闪石（黑绿色的纤维状集合体）
/ 摄于上海矿晶化石博物馆

云母、辉石等。其与花岗岩相比，不仅石英含量大幅度减少，暗色矿物也有很大的不同。

角闪石是一种具有柱状、针状或者纤维状晶形的灰绿、深绿色矿物；斜长石多为厚板状的白色或者灰白色矿物。在地壳深处的高温岩浆中，混沌的化学组分，按其不同的性质，各自围绕千千万万微小的晶核开始结晶，当晶体慢慢变大，灰黑色的角闪石与白色的斜长石

斜长石（钙长石）

既排斥又吸引，一黑一白相互间断又紧密关联，于矛盾的统一中结成了坚硬的闪长岩。

　　由于坚硬和美观，闪长岩可以用来搭建台阶和阳台等要求特别耐磨的地面。角闪石与斜长石，在闪长岩的空间中平分天下，作为一对难分难解的好朋友，一起扛过所有的考验和磨砺。

三、橄榄石与橄榄岩

　　一抹绿色，晶莹透亮，象征着和平、幸福、安详，这就是美丽的橄榄石。

　　橄榄石是镁、铁的硅酸盐矿物，铁是它的致色元素。关于橄榄石名字的由来，有一个有趣的传说。相传在地中海的一个小岛上曾经有许多的海盗，海盗间因常发生冲突而挖掘掩体。在一次挖掘中他们发现了大量的宝石，于是放下武器重归于好。因为突如其来的和平，他们联想到了《圣经》里橄榄枝的故事，于是把这种橄榄绿色的宝石命名为"橄榄石"。在古欧洲和古埃及，橄榄石被视为圣物，能够镇压恶魔，带来和平和财富，所以它常常被做成各种昂贵

橄榄石晶体 / 刘远栋摄

的首饰或者供奉在神庙中。

在夏威夷，橄榄石因晶莹剔透和产自火山的特点被称为"火山女神的眼泪"。2018年，夏威夷群岛基拉韦厄火山喷发时就把许多橄榄石喷射了出来，下了一场"宝石雨"。在夏威夷南部的一片名为Papakolea的沙滩上，铺满了橄榄石，形成了一片绿色沙滩，远远望去，仿佛一大块抹茶蛋糕。细心的你一定已经发现了，橄榄石与岩浆活动有着千丝万缕的联系，这就要请出我们的另一位主人公——橄榄岩了。

橄榄岩是侵入岩，也是深成岩，基本上都来自上地幔。它主要由橄榄石和辉石组成，并含有角闪石、黑云母等矿物，因此它总体上呈现出橄榄

橄榄岩 / 刘远栋摄

绿色。一般的橄榄岩中，橄榄石含量在 40% 到 90%，若橄榄石的含量达到 90%，则被称作纯橄榄岩。橄榄岩因为携带着上地幔岩浆活动和物质组成等方面的信息，因此又成为科学家们开展地幔研究的重要载体。

加工后的橄榄石 / 刘远栋摄

在大自然中，橄榄石是一种广泛存在的造岩矿物，许多岩石中都有它的身影。当然，只有颗粒足够大，它才能成为珠宝的原材料。橄榄石的摩氏硬度为 6.5—7，作为宝石，它的硬度中等，但它独特而稳定的橄榄绿色，生机盎然，极易识别，深受人们喜爱，让人一见难忘。透亮的、温润的玻璃光泽，绿中略带黄的独特温馨，使它获得"太阳的宝石"的美誉；清澈如水的质地，能够让急躁的人归于安宁，让阴郁的人重建希望。

美丽如许的橄榄石，相比祖母绿等宝石，产量相对大一些，价格也比较亲民。春天般的绿色，永远是我们的最爱，但四季轮回春易逝，唯有这橄榄石，清新如春天树枝上的新芽，永恒地保留亮丽

的嫩绿，回应了人们四季如春的心愿。这，也许是大自然特意给我们的馈赠。

橄榄石虽然生成于我们尚无法直接探测和观察到的地幔深处——一个阳光和空气都不能到达的地方，但拥有阳光般的通透和灿烂，让人感受到无限的生机与希望。橄榄石为什么这么令人赏心悦目呢？大自然的奥秘，真是妙不可言！

四、金刚石与金伯利岩

中国流传一句谚语"没有金刚钻，不揽瓷器活"，这里，金刚钻意指极致的硬核技术。同样，在无数的传说和典籍中，金刚石都以刚强、坚不可摧的形象出现。说明在很久以前，人们通过物物相比，已经得出了金刚石最为坚硬的结论。

正是在这样的基础上，当科学家们试图提出硬度的衡量指标时，金刚石理所当然地站在了顶端。在摩氏硬度计中，它代表着硬度 10 ——世界上最硬的等级。

如此硬的存在，在世界上必然是少量的，否则我们的生活就太难了。因为少见，长久以来人们只能通过在河道淘沙的方式，来寻找金刚石的蛛丝马迹，它的昂贵可想而知。

含镁铝榴石粗晶金伯利岩

产自"红旗6号"密脉，以岩石中含有

产自山东蒙阴矿区的金伯利岩 / 李兆营供图

　　1871 年 7 月，一支采掘队在非洲金伯利地区的一种特殊岩石中找到了金刚石矿。这种蕴含金刚石的特殊岩石以它的发现地名称，被命名为"金伯利岩"。

金伯利岩（Kimberlite）在自然界分布很少，基本上与火山作用有关，产于离地表较近的浅成岩或火山通道中。它属于超基性岩，矿物组成十分复杂，除了含有橄榄石、金云母等矿物，也含有来自地幔的捕虏晶。

科学家们发现，金刚石很有可能并不是在岩浆结晶之时产生，而是作为地幔物质进入岩浆，随着岩浆上升来到近地表处。无论如何，金刚石的形成必是经历了巨大的高温和高压。

金刚石透明，具有独特的金刚光泽，因含有不同的微量元素而能够呈现瑰丽的色彩，因此它不仅稀有、昂贵，在工业上有重要的用途，

淡黄色钻石晶体 / 引自《钻石·过程》

完美的八面体钻石晶体 / 引自《钻石·过程》

而且也为爱美的人所钟爱，是稀有的宝石资源。其中品相好的，就被加工成美丽的钻石，进入珠宝的行列。

在非洲发现第一座金刚石矿之后，金伯利岩便成为寻找金刚石的指路牌。我国的山东、辽宁、贵州等地都发现了金伯利岩岩区和金刚石矿。我国现在最大的天然钻石——"常林钻石"即是在山东临沂地区由一位叫魏振芳的姑娘在田里劳作时发现的，而后由魏振芳无偿地捐献给了国家，现被收藏在中国人民银行。

如此珍稀坚硬的金刚石，是由什么组成的呢？说起来，不过是我们常见的碳（C）而已！在高温高压的地幔环境下，碳原子以最紧密的方式，联结成均匀而十分坚固的晶体结构。

地球中的碳元素含量十分丰富，由碳元素参与组成的矿物种类也很多。其中，有一种是我们从小就熟悉的，这就是石墨。当我们拿出铅笔书写时，那黑色的一抹——石墨，其物质组成正与金刚石的相同，它们互为同素异形体。

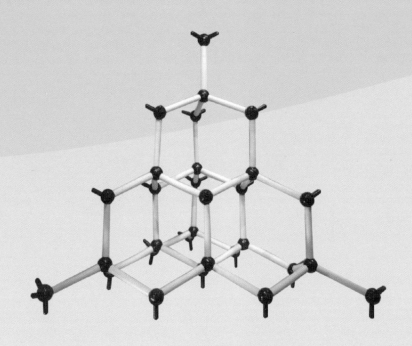

金刚石晶体结构模型

　　石墨，光滑柔和，色黑如墨，硬度1—2，几近为世界上最软的矿物，与金刚石完全没有可比之处，仿佛"我住长江头，君住长江尾"，相隔千里般遥远。

石墨

　　究其原因，石墨，形成于变质岩中，与金刚石的生长环境完全不同。在导致变质的定向压力作用下，碳原子沿压力的垂直方向发生紧密的定向排列，而在层与层之间，它们比较松散，在外形上就表现为层状的石墨，是一种容易滑移的低硬度矿物。

　　我们都知道环境对人的成长是如此重要，而在大自然中，环境

也是塑造物质形态的决定
性因素。正是那无法想象
的磨难，使碳华丽转身，
获得了无可比拟的硬度和
光泽！

　　有趣的是，人类的
科技发展，已能够完美地
模拟大自然中金刚石的形
成过程，而石墨，也成了
人工合成金刚石的重要原
料。石墨，金刚石，一家
人总归是见面了。

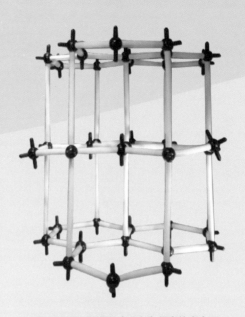

**层状晶体结构模型（层内为紧密的六方环，
层间联结比较微弱）**

五、如波的石头——流纹岩

在浙江温州的雁荡山，有这样一座奇特的山峰，从不同的时间、不同的角度看去，会变幻成不同的模样，像相合的双手，像展翅的雄鹰，也像恩爱的夫妻，于是当地人就叫它合掌峰、雄鹰峰或夫妻峰。与浙江地区多见的连绵起伏的低缓丘陵不同，雁荡山以峰、嶂、洞、瀑、门的奇特形态及其有机组合著称。宋代的王义山说："险怪嶕峣称雁荡，争秀群山第一。"

沈括在《梦溪笔谈》里也写道："予观雁荡诸峰，皆峭拔险怪，

雁荡山合掌峰（流纹岩地貌景观）

雁荡山流纹岩地貌景观

上耸千尺。"说的就是雁荡山的山峰陡峭、挺拔、险峻、怪异，向

上耸立，高约千尺。雁荡山名字的由来也非常有诗意——在它的山

顶曾经有一片湖，芦苇茂密，结草为荡，南归的秋雁多宿于此，故名"雁荡"。雁荡山作为一个旅游景点，每年吸引了众多的游客。同时雁荡山也是一个世界地质公园，它独特的流纹岩地貌和对于浙江东南地区的地质意义也吸引了大批的科学家前来考察。

雁荡山的主体主要是由一种火山喷出岩——流纹岩组成的。岩浆到达地表后，因地表的坡度而产生流动，在流动状态下冷凝固结，而把流动的波状形态保留了下来。流纹岩就带上了这种水波般的特殊纹路，也因此得名。

流纹岩与花岗岩拥有相似的化学成分，都是富含二氧化硅的酸性岩浆作用而成。同一次酸性岩浆活动，在深部凝固成岩的，就成了花岗岩；而当岩浆喷出地表，形成的喷出岩就是流纹岩。

岩浆中往往含有大量的易挥发成分。当接近地表，压力降低，

流纹岩中的球泡

这些易挥发成分就成为气体。在溢出地表后的流动过程中，气体局部聚集，体积变大，岩浆冷凝成岩后，空腔保留便形成了球泡，地质学家称这些"石球"为"球泡结构"。

岩浆在地面上运动的过程当中，有时会出现像糖师傅在拉伸麦芽糖时出现的一道道纹路，其中的一些气孔被不断拉伸，矿物会沿拉伸方向排列成行，最终在岩石上留下一道道纹路。纹路的走向也就代表了当时的岩浆流向。

球泡流纹岩

很久很久以前，在如今雁荡山的位置，即古太平洋板块和亚欧板块的消亡边界，发生了多次大范围的爆发、塌陷、复活、隆起活动。喷发出的岩浆覆盖了地表，冷凝后形成了大面积的流纹岩。随着古太平洋板块不断俯冲到亚欧板块的下方，地表不断抬升，受到流水侵蚀的作用愈加明显。流纹岩自身也存在着较多的节理与裂隙，因此这些外力就乘虚而入，同时在岩石自身的重力作用下不断崩解、侵蚀，形成了雁荡山造型独特的奇峰、异洞、幽谷、峭壁、石柱和石礅。

由于在 1.2 亿年前的白垩纪，浙江沿海活跃着许多流纹质古火山，喷发出的花岗质岩浆造成了流纹岩的大量出现，因此流纹岩在浙江分布十分广泛。浙江台州的仙居、丽水缙云的仙都、临海桃渚的桃江十三渚风景区，都有流纹岩景观的分布。

流纹岩在冷凝过程中，还会形成六方柱集合，当它们出现在我们面前时，就成了一道独特而宏伟的风景。

衢州流纹岩六方柱 / 王晓红摄

随着侵蚀的不断加强和自身重力的影响，流纹岩形成的奇峰也难逃时间的枷锁，最终崩塌、收缩、消亡。在很久很久之后的未来，那时候的人们或许只能通过模拟技术才能体会到雁荡山"雁荡经行云漠漠，龙湫宴坐雨蒙蒙"的景色了吧。但是到那时，时间也必定带给我们新的景观！

临海国家地质公园流纹岩地貌景观

仙居神仙居观音山（流纹岩地貌景观）/ 陈春棠摄

香港西贡流纹质柱状节理景观

六、安山岩与安第斯山脉

我们前面讲到了流纹岩——酸性岩浆喷出地表形成的酸性喷出岩。安山岩则是中性岩浆形成的中性喷出岩。安山岩的名字来源于世界最长的山脉——安第斯山脉（Andes），因这种中性喷出岩大量孕育于安第斯山脉而得名。

事实上安山岩广泛分布于世界各大火山区，特别是环太平洋大陆边缘及岛弧地区。安山岩主要由辉石、石英、角闪石、黑云母组成，化学成分与闪长岩类似。一般来说安山岩呈灰褐色，但有时候在野外找到的安山岩呈紫红色，这是因为它受到风化、蚀变，内部

安山岩 / 刘远栋摄

矿物成分发生了变化。在结构上，和许多其他喷出岩一样，它也拥有气孔结构和杏仁结构。

　　再来说一说安第斯山脉。它是世界上最长的山脉，全长8900多千米，从世界最南端的城市火地岛至杰克船长冒险的加勒比海，形成了一道绵延不断的屏障。安第斯山脉高耸挺拔，平均海拔3600米，被称作"南美洲的脊梁"。安第斯山脉如此高耸又绵延的特点都源于板块的碰撞，南极洲板块与美洲板块的碰撞引发一系列的火山运动，使得地壳高高隆起，形成了安第斯山脉。同时坚硬的安山岩不易风化，让安第斯山脉在长时间的侵蚀中依然能够保持高挺的身姿。

　　荒野生存专家、《荒野求生》节目的主持人贝尔·格里尔斯就曾在厄瓜多尔的安第斯山脉做过一期求生节目。在这期节目中，他空降在冰雪覆盖的山顶，又穿过高山沼泽、草甸和低矮的云林，最后在山脚的亚马孙丛林中生存、获救。或许你会好奇，同一座山，从山脚到山顶的环境怎么会有这么大的变化？明明山顶一片白雪皑皑，到了山脚却是茂密湿热的热带雨林。简单来说就是随着海拔升

安第斯山脉低处的山脚是森林，高处的山顶是白雪

高温度急剧变化导致的。一般情况下，海拔每上升 1000 米，气温就相应下降 6℃。亚马孙雨林平均温度在 25℃，那么在离它 4000 多米高的山顶，温度就只到 0℃，形成了终年不化的白雪与冰川。这种随着海拔高度变化环境不断变化的现象，在地理上被叫作垂直

地带分异规律。正是因为这样的分异，各种动植物都能在安第斯山脉找到适合自己的"家"。安第斯山脉是生物"大宝库"，周围的国家也纷纷建立了自然保护区。

坚硬的安山岩造就了安第斯山脉复杂的地形，也正是因为这复杂的地形才保护了如此众多的自然生物。但仅靠自然本身的力量仍是不够的，保护生物多样性的任务，需要人类的共同努力，人与自然要和谐共存。

七、奇妙的多面玩家——玄武岩

　　自然界中存在着许多优美的几何图形，或圆或方，而最吸引科学家们探究的是神奇而常见的六边形。在相同面积的情况下，正六边形的周长最小，聪明的蜜蜂用六边形拼接的方式搭建蜂巢，减小了蜂蜡的用量和自身的工作量。漫天飞舞的雪花，如果把它放在放大镜下，也呈现出美妙的六边形。乌龟的龟壳、堆起来的肥皂泡、一些昆虫的眼面……都存在着规则的六边形。而有一种岩石，它也能形成一种特殊的六边形石柱，那就是玄武岩。

漳州火山岛玄武岩岩墙

　　位于渤海之滨的明长城入海处，因城墙酷似龙头，像一条入海的龙而被称为"老龙头"。在福州漳州滨海火山国家地质公园中有一个"小龙头"，不一样的是这个"龙头"是大自然的鬼斧神工。被称为"小龙头"的景观其实是一条东西走向的玄武岩脉，它随着潮水涨落时隐时现，如蛟龙下海。这一面石墙由一根根玄武岩石柱组成，许多石柱的横截面都是规则的六边形，仿佛是有人借助尺规

拉斑玄武岩（浅色拉长石，绿色杏仁体）

和切割机一根根切割出来的。远远望去，高低不一的石柱像武侠小说中高手用来练功的梅花桩，又好似一片岩石的海浪，让人不禁联想是不是有一种神奇的力量将原来汹涌的波涛凝固了，永远定格在了那一刻。也让人产生疑问：这样规则的几何图形究竟是怎么形成的呢？我们还是先从岩石说起。

　　大片的玄武岩柱的形成，与岩浆在地表上的快速冷却有关。我们都知道大多数热的物体突然变冷，体积会收缩减小。当形成玄武岩的岩浆快速冷凝时，岩浆的冷凝面上会出现无数个排列均匀的收缩中心，收缩导致岩浆物质向固定的内部中心聚集，从而使岩石产生垂直的裂缝，形成柱体。如果岩石中的物质分布均匀，则收缩中心的距离相等，那么它就会形成六边形的石柱。

玄武岩六面体景观／游省易摄

　　玄武岩也是地球大洋地壳的主要组成部分。它颜色偏暗，一般为黑色，主要由长石、辉石组成，并有橄榄石、角闪石及黑云母等伴生矿物。当岩浆到达地表，压力和温度骤然降低，在冷凝时，其中易挥发的物质快速消散，有时候会在玄武岩的表面形成大小不一的圆形或椭圆形空洞，就像我们平时吃的充气巧克力的截面充满空洞一样。这样的现象被称为气孔构造。而在一定情况下这些气孔会被一些矿物质填充，形成杏仁状的填充，这个现象被称为杏仁构造。

气孔状玄武岩 / 王晓红摄

　　玄武岩形成的地貌景观还有许多，除了规则的玄武岩柱之外，还有玄武岩高原、桌状山等。浙江省新昌县和嵊州市就分布有大片

浙江省新昌县玄武岩台地

的玄武岩，由于它们具有较强的抗风化能力，从而成为高高的台地，给当地的人们留下了耕种、生活的良好场所。

四明山玄武岩台地

八、火山碎屑岩

火山，是一个让人憧憬而又生畏的地方。高大规整的三角形火山锥、深邃碧蓝的火山湖、热气腾腾的火山温泉……都激起人们对火山的向往；然而火山巨大的毁灭力量又令人敬畏。古时候，由于科学技术的限制，人们把火山喷发归结于上天的惩罚。这种能让一个城市一瞬间毁灭的神秘力量，人类无法抵抗，也无法掌握。

但火山也是一个充满新生力量的所在，它是一个岩石的生命摇篮，孕育了各种岩石。其中，有一种特殊的岩石——火山碎屑岩。之所以说它特殊，是因为组成它的物质来源于火山，但它的形成过程却像沉积岩的形成过程，它是一种跨界的岩石，既拥有与熔岩密切相关的物质组成，又具有沉积岩的结构构造。在岩石大家族的族

谱中，我们把火山碎屑岩和喷出岩一起归类为火山岩。狭义上的火山岩指的就是喷出岩，而在广义上，火山岩包含喷出岩和火山碎屑岩两大类。

火山有许多种，活火山、死火山、休眠火山。它像是一个娃娃，平时总保持着安静乖巧的模样，可每当它生气时就会把许多东西抛到空中。被抛出来的有炽热的岩浆，还有水汽、二氧化碳、臭鸡蛋味的硫化氢等气体以及大小不一的固体物质，比如火山通道上已经凝固的熔岩。被喷射出来的固体物质就是火山碎屑岩的主要物质来源。这些被喷出来的固体物质，有的颗粒非常小，直径小于 0.01 毫米，被称作火山灰。大量火山灰被火山动力加速，可以上升到高空，遮天蔽日；有时它们还可以上升到大气平流层，搭乘大气环流的帆船而漂流至很远，能够因此影响全球的气候。

一些被喷射出来的岩浆在空中高速旋转，迅速冷凝，会形成火山弹。

火山弹 / 摄于上海观止矿晶博物馆

大而重的碎屑被喷射得较近，小而轻的被喷射得较远。地质学家们根据颗粒的大小来给火山碎屑岩进行分类，有火山集块岩、火山角砾岩和凝灰岩。

火山集块岩颗粒最大，离火山最近，通常分布在火山口附近或火山通道中。它由火山弹、熔岩通过与火山灰的胶结作用形成。如果被胶

火山集块岩 / 刘远栋摄

结的熔岩是安山岩，就被称为安山集块岩，那么相应地，也有流纹集块岩、玄武集块岩等。

　　颗粒较小的被称作火山角砾岩，它主要由火山砾石经胶结而形

火山角砾岩 / 刘远栋摄

成，较集块岩离火山口更远一些。与沉积岩中的砾岩不同的是，火山角砾岩中的砾石由于没有受到流水侵蚀磨圆的作用，具有非常明显的棱角。它也与集块岩一样，可以根据被胶结的物质成分差异，细分为安山角砾岩、流纹角砾岩等。

凝灰岩 / 刘远栋摄

凝灰岩是颗粒最细小的火山碎屑岩，顾名思义是由火山灰堆积固结形成的岩石。飞扬的火山灰会在天空中停留很久，当风力变小时最终落到地面上，但此时借助风的力量，它们已经离火山很远了，所以凝灰岩会在远离火山口的地方出现。凝灰岩是通过沉积压实凝

绍兴鉴湖凝灰岩石板铺就的纤道 / 孟志军摄

固成岩的，具有类似于沉积岩的成层性。这个特性，使它被广泛用作建筑石材，在筑路、修桥、建房等方面起到重要作用。

岩浆、火山的运动是重大的地质事件。广泛分布的火山碎屑岩，可以说是这些事件的信标，等待着人们找到它，去解读一段"热情澎湃"的历史。

第三章

你是否有过亲自发现一块化石的梦想?

让我们心心念念的化石,就藏在本章的主角——沉积岩里。

沉积岩是形成于地表环境的岩石。与火成岩相比,沉积岩的生成环境明显"温和"许多,也正是这一点"温和"造就了大部分沉积岩最突出的特征:具有明显的层理构造和含有丰富的古生物化石。

暴露在地表的岩石,经过风化、剥蚀、搬运、沉积、固结成岩等一系列作用,最终形成了沉积岩。换句话说,这个过程就是先让岩石变得破碎,产生大小不等的碎屑,然后这些碎屑会选择不同的"交通工具"出行,或是坐上风的飞机,或是乘上水的小船……最后这些碎屑因为各种外力减弱,在新的地方安家,又在各种物理、化学作用下变硬,形成沉积岩。

由于沉积的时间十分漫长,在此期间外界环境可能会发生较大的变化,

温柔细腻沉积岩

因此这些碎屑的物质成分、颗粒大小、颜色、结构等都会产生差异。所以大部分的沉积岩都会呈现出一层层的层理结构。

化石则是由生物的遗体或遗迹形成的，而形成火成岩的温度太高了，很容易破坏它们；沉积岩则给它们提供了条件，遗体和遗迹被沉积物慢慢覆盖，最终石化，变成化石。这也就是绝大多数化石被发现于沉积岩的原因了。

前一章我们介绍的火成岩大多数坚硬、抗风化强，展现出阳刚的力量。相比之下，沉积岩则更像一群温柔的女子。这群姐妹的名字分别是：碎屑岩、化学岩、黏土岩。如果你想要进一步了解这几位好姐妹，就快快往下阅读吧！

一、碎屑岩三姐妹

　　碎屑岩家族有三朵金花，大姐砾岩，二姐砂岩，小妹泥岩。三姐妹各有特点，相处融洽。

　　大姐砾岩早早挑起家里的重担，是家里的顶梁柱。她常常出现在河流的中游，这里水流速度比较快，被上游湍急水流搬运来的岩屑中，只有颗粒较大的砾石经得住冲击沉积在这里。所以大姐是在水流比较急的情况下率先沉积下来的。这些砾石用它外形的变化，比如棱角的磨圆程度，记录下水流及搬运距离远近的信息。当上覆堆积物越来越多，最后，这些砾石与黏土、碳酸盐等胶结物发生胶结作用，形成砾岩。

砾岩 / 任利平摄

什么是胶结作用呢？这是碎屑岩最主要的成岩方式。松散的岩石碎屑之间总会存在着许多孔隙，而胶结物就像胶水一样填充在这些孔隙之中，让松散的碎屑变成一个整体，固结形成岩石。这样形

海滩碎屑岩

成的碎屑岩就像花生糖一样，颗粒较大的碎屑就好比花生糖上的花
生块，而各种胶结物质就是黏度极好的糖，把花生块牢牢地粘在身
上。砾岩大姐过得很节俭，身上穿的砾石裙子都是粗麻料，因此摸

起来有颗粒感、粗糙感。这是因为她裙子上镶嵌的砾石粒径大于 2 毫米，而且砾石的含量能够占到 30% 以上。但也正是这些坚硬的大颗粒砾石让砾岩很耐风化，在艰苦环境中成长的砾岩大姐拥有与其他沉积岩不一样的坚韧品质。

二姐砂岩是一个四处奔波的商人。在海滨、干旱多风的沙漠、河岸的沙滩等等地方都能看到她的身影。她用砂粒装饰自己的衣裳，所以摸起来会有非常明显的砂感，时尚而炫酷。形成砂岩的砂粒，粒径在 0.05—2 毫米之间，且砂粒含量大于 50%，才够得上二姐的名分。

如果说砾岩是花生糖，那么砂岩则更像芝麻糖，颗粒要小一些。只有经得起长途跋涉的长石、石英等硬度较高的颗粒，才能坚持走到二姐的地盘。因此，绝大部分砂岩是由长石及石英组成的，比如长石砂岩、石英砂岩。

砂岩

砂岩浮雕

砂岩二姐可是个"美人儿",人们把她叫作"丽石",她是一种独具一格的装饰石材。她那黄色的暖色调素雅而温馨,协调而不失华贵;而同时她又具有岩石的坚硬质地、树木的华美纹理。有时她还描绘下了壮观的山水画面,色彩丰富,古朴典雅。因此砂岩是人类使用最为广泛的石材,不仅卢浮宫、巴黎圣母院等著名建筑多用砂岩来建造,它也是普通民用建筑中常见的外墙贴面材料。

　　由于砾岩和砂岩两位姐姐承受了大部分的波涛冲击，作为小妹的泥岩，受到了两位姐姐最好的呵护，从小成长在安稳舒适的环境中。形成泥岩的主要是黏土颗粒，黏土的粒径非常小，小于0.02毫米，因此她的皮肤光滑而细腻。要让如此细小的颗粒沉积下来，其形成环境必须十分稳定，黏土才能够被一层层地堆积。随着埋藏深度的加深，黏土间的孔隙在压力的作用下不断变小，孔隙中的水分也被挤出，接着又与胶结物胶结，最终形成质地细密的泥岩。泥岩也是玉石的前身，青田石、叶蜡石等许多产玉的岩石，都是从泥岩经过变质形成的。

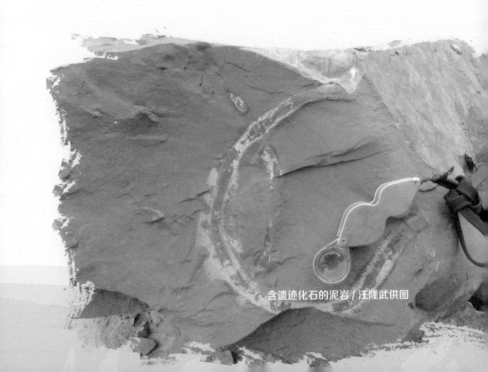

含遗迹化石的泥岩／汪隆武供图

叶蜡石、高岭土

　　这 3 种岩石在形成过程中联系十分紧密，特别是在一条河流当中，从上游到下游，从粗粒到细粒的沉积，往往没有明显的分界线。这三姐妹的亲密关系可真让人羡慕呀！

二、"色如渥丹，灿若明霞"的奇观

当我们想到山，脑子里出现的会是什么颜色？翠绿、土灰，还是土黄？

在广东省韶关市仁化县，出现的是这样的奇观：夕阳下，远处的山壁仿佛是熊熊烈火在燃烧，让人担心山上翠绿的树林会不会被这团"火"点燃，化作灰烬。这可不是什么独特的光学现象，而是这座山本身颜色就是这样火红，红得像天边的晚霞。

丹霞山国家地质公园丹霞地貌

　　这座颜色独特的"红山"叫丹霞山，因为其"色如渥丹，灿若明霞"的特点而获此名。类似的"红山"在我国分布广泛，如"碧水千山甲东南"的福建武夷山、"炼丹之处红崖显"的江西龙虎山……这

种拥有独特红色的地貌，用广东丹霞山的名字来命名，称作丹霞地貌。

形成丹霞地貌的岩石，是一种红色砂砾岩。砂砾岩是一种含砾石的特殊砂岩，在南方高温多雨的湿热气候条件下，砂砾中的铁元素被氧化，红色的氧化铁浸染了岩石，从而形成了红色砂砾岩。

广东丹霞山地貌景观

广东丹霞山地貌景观

距今 1.4 亿年至
7000 万年间，广东韶
关市在当时还是一个
大型的内陆盆地，地
势低平，降水丰沛。
周围众多的河流带来
了大量沉积物，在盆
地中形成了深厚的红

砂砾岩 / 刘远栋摄

色砂砾岩地层。之后，这一带地壳受到地球内力作用而抬升，地层
的侵蚀作用占据了主导地位，流水在这片红色的岩层上日复一日
地勾勒不止，最终刻画出丹霞山这一片红色的峰群。

　　经河流切割的岩层，或形成方块状的方山，或形成姿态各异的
奇峰；岩层若是沿着节理大面积坍塌，就形成了壮观的陡崖，或是
高高的石墙；如果石墙的中部被蚀穿，则又形成了石窗。

　　置身于丹霞山中，丹霞赤壁鲜红艳丽，孤峰窄脊拔地而起，岩

廊洞穴与奇山异石相映成趣，峡谷、森林、飞瀑、流泉引人入胜。丹霞山也因它典型的地貌，被列入全球首批世界地质公园，而后我国整个南方丹霞地貌也被列入《世界遗产名录》。

　　浙江衢州江山市的江郎山，也是典型的丹霞地貌景观，以它雄伟独特的"三爿石"著称于世。如果你对丹霞地貌很感兴趣，又恰好住在浙江或其周边，不妨选择在某个晴朗的周末，坐着高铁，去美丽的衢州一睹为快。

江郎山丹霞地貌

三、石化的书页——页岩

在地质学家眼里，岩石就是一本关于地球的历史书，详尽地书写着地球 46 亿年来的历史。

有一种岩石，非常巧妙地长成了书的模样——拥有像书本一样一页页的纹理，可以轻易地一页页剥开。于是，这种岩石顺理成章地获得了"页岩"这样一个充满书香味的名字。

我们知道，砾岩、砂岩、泥岩都是根据其组成颗粒的粒径大小来被区分和命名的，而页岩的取名之道却略有不同。它与泥岩一样拥有细小的碎屑颗粒，事实上它也归为泥质岩，只是因为它特殊的层状沉积构造，才拥有与泥岩相区分的别名。

页岩及雁行状褶皱

　　形成页岩的颗粒非常小，需要在非常稳定、流速很缓甚至是静止的水体环境下才能够沉积下来。这些细小的颗粒一层一层缓慢地铺在之前的沉积物上，随着层数的渐渐增多，它们被压实。这很像

黑色炭质笔石页岩 / 汪隆武供图

浙江农村一种传统食品——早米糕。早米糕的原料是磨细的米浆，在烧热的大锅内平铺蒸屉，当第一勺米浆在蒸屉中凝结后，再小心浇淋第二勺米浆，然后是第三层、第四层，以此类推，最后出锅的

是一种看似一体但又可以一层层细分为薄层的千层糕。

泥质岩石在沉积过程中,如果出现类似早米糕这样的沉积旋回,它就形成了明显的层理,在后期的成岩过程中,页理被保存下来,而成为页岩。如果用锤子敲击,页岩会沿着岩层界面碎成一片片像书页般的页理片。

由于形成页岩的颗粒都非常细小,层与层之间比较松散,因此它抵抗风化的能力比较弱,在地形上往往因为容易被侵蚀而形成低山、谷地。大型工程的建设通常都会避开页岩岩层,以免发生工程事故。

页岩中经常能发现动植物遗体的化石,或者动物行走的足迹,或者降雨落地的印痕。

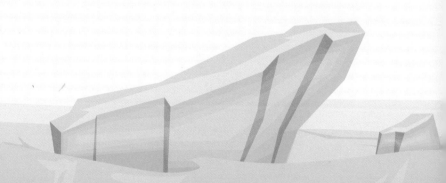

蜻　蜓
Fossil dragonflies
内蒙大双庙
白垩纪

含有蜻蜓化石的页岩

　　如果我们脚踏页岩，不妨把脚步放轻些，再轻些。也许，我们能感觉到流水缓缓的波纹；或者一片、两片的树叶，慢慢漂向水底，并融入柔滑的泥土的声音。

四、石灰岩与观赏石

　　源远流长的中国文化，孕育出了独特的赏石文化。也许是由于赏石文化的地域特点，以及传统的赏石审美习惯，产于广东英德的英石、产于太湖地区的太湖石、产于安徽灵璧的灵璧石以及产于江苏昆山的昆石，渐渐地被人们并称为"中国四大奇石"。而其中的英石、太湖石、灵璧石都属于石灰岩。

　　石灰岩大部分都呈现出灰白、灰黑色，也有黄、浅红、褐红等颜色。它主要由碳酸钙组成，还有一些粉砂和黏土。我们在水壶里见到的水垢，其中主要就是这种物质，只要用弱酸性的食醋一洗，碳酸钙就会与之反应，水垢就被清除了。

方解石结晶

石灰岩主要形成于浅海地区，分布面积非常广泛。它是化学、生物或者复合成因形成的岩石。深度小于 500 米的浅海区域，阳光依然可以到达，水温适宜生物生长，在阳光的滋养下，形成了浅海丰富的生物系统。这个生物系统同时也是钙的固定系统，动植物体内积蓄了大量的钙元素，比如虾蟹的外壳、鱼类的骨骼、珊瑚虫死后形成的珊瑚礁等等都富含碳酸钙。当这些生物死亡后，富含碳酸钙的"遗产"就沉积在了浅海海底，一代又一代，丰富的海洋生物

饼状石灰岩

提供了源源不断的碳酸钙。以此途径生成的，是生物成因的石灰岩。

碳酸钙难溶于水，但可以与二氧化碳水溶液发生反应，变成可溶于水的碳酸氢钙。碳酸氢钙本身并不稳定，会受水压、温度以及

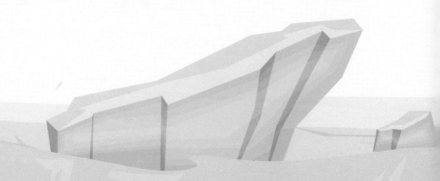

水中碳酸氢钙浓度的影响，分解而从水中析出碳酸钙，大量的碳酸钙胶结成岩。在这个过程中形成的石灰岩，叫化学成因石灰岩。

现在我们再回过头来看看英石、太湖石、灵璧石。这三类奇石虽然各有各的特点，比如英石凹凸多变，太湖石则多玲珑剔透，呈现重峦叠嶂之姿容，灵璧石起伏跌宕、沟壑交错，等等，但是它们也有一些共同的特点：圆润、有孔洞、有沟壑。这些特点都与石灰岩不耐风化、容易被水溶蚀的特点相关。

由于碳酸钙与水之间

英石、太湖石、灵璧石 / 吴岩隆摄

难分难解的关系，石灰岩形成了许多独特的面容。皱、漏、透、瘦，曲曲折折，道不尽其中的故事。

棱角彰显之处归于圆润，孔洞贯通又自成一体，且偏且倚却总能有自己的重心和中心。如此这般，活生生地，像个哲学家，云水之间，不经意地培育了一批石头中的美学明星！

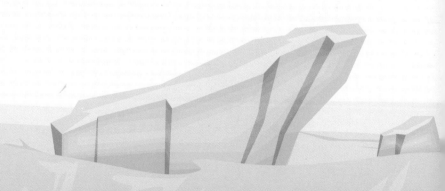

五、喀斯特地貌

2020 年 1 月 11 日，贵州省黔南布依族苗族自治州平塘县克度镇金科村大窝凼，巨大的"中国天眼"——中国 500 米口径球面射电望远镜（FAST）正式开放运行。它是世界上最大的单口径射电望远镜，它的观测范围能企及河外星系甚至百亿光年之外的宇宙边缘。它拥有 500 米的超大口径、25 万平方米的接收面积（相当于 30 个足球场）。

我国西南区域连绵群山之间的这只观天巨眼，是人类杰出的科技成就，而它的位置选择，更突显出了我国科技工作者善于利用自然资源的智慧与能力。

　　从航拍图上看，"中国天眼"就像一个巨大的"碗"，架设在青山上。这样的超级大"碗"，是怎样放进群山之间的？群山又如何成就放置巨碗的地形呢？

常山天坑仙境（喀斯特地貌景观）

　　贵州省黔南布依族苗族自治州平塘县克度镇金科村大窝凼是石灰岩地区，本身就是一个巨大的天然洼地。这个洼地，正是石灰岩溶蚀形成的喀斯特地貌。石灰岩地区会出现一些巨大的洼地，有的洼地很大，长宽几千米至几十千米，形成了面积广阔的盆地。"中国天眼"选址于此，正是利用了喀斯特地貌天然的良好地形条件。

　　南斯拉夫学者茨维奇借用斯洛文尼亚喀斯特高原的名称来形容石灰岩的地貌、水文现象，这是喀斯特地貌名称的由来。中国也是世界上最早对喀斯特地貌进行研究和记载的国家之一。宋代的王守仁和宋应星曾对它做过确切的描述，明代《徐霞客游记》也对它做过详尽的记载。我国喀斯特地貌分布区域较广，比如云南、贵州都有广泛的分布。喀斯特地貌的主要特征，体现在溶洞、天坑、峰林等现象上，"山水甲天下"的桂林就是喀斯特地貌。2007年，"中国南方喀斯特"地形地貌奇观在第31届世界遗产大会上被评选为世界自然遗产。

喀斯特地貌的形成，与石灰岩的化学特性直接相关。石灰岩容易被流水溶蚀，这是石灰岩地区形成喀斯特地貌的重要原因。溶蚀、坍塌，各种地质作用叠加，造就了诸多的天坑和溶洞。

云南九乡喀斯特地貌（地下峡谷）

当石灰岩岩层形成后，水进入石灰岩的节理裂隙，溶蚀随即发生；当溶蚀不断持续，形成了溶沟；溶沟逐渐扩大、加深，完整的岩石就被分割成了石柱。有时，地表水不断地向下溶蚀，可以形成深达百米的溶洞，导致更多的地表水进入，

云南九乡喀斯特地貌（地下暗河和瀑布）

由此溶蚀的规模也不断地扩大。随着溶洞的不断扩大，就像我们所说的"基础不牢，地动山摇"一样，地表不断塌陷，在适当的情况下，就出现大面积的洼地。

喀斯特地貌无论是在地表，还是在地下，都拥有着独特的景观。地表景观如峰林、天坑、喀斯特洼地等。大型的喀斯特洼地被称为喀斯特盆地，这种地貌在我国云贵高原分布广泛，当地人称之为"坝子"。而在

地下，暗河、溶洞、石钟乳、石笋则是典型景观。石灰岩地区的地下水中富含碳酸氢钙，当这些水流在某个合适的位置发生沉淀，一个以此为中心的沉淀过程随即

云南九乡喀斯特地貌（地下梯田）

展开，逐渐形成倒悬向下的凸起。流水沿着这个最初凸起的表面向下流动，并在其表面继续发生碳酸钙沉淀。日复一日，顺着水流的方向，自洞顶向下生长成倒圆锥状钟乳石；与此同时，向下流动的地下水顺着钟乳石下滴，落到地上，水中的碳酸钙就在此处沉淀，

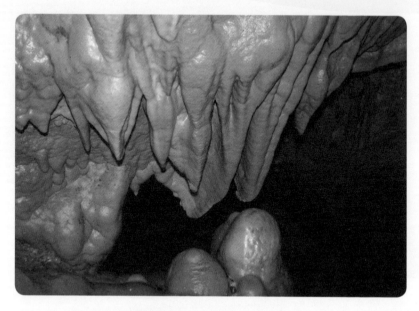

杭州临安石灰岩景观 / 李海亭供图

在滴答声中，形成了尖头向上的石笋。这些景观都十分独特有趣，因此许多地方的石灰岩喀斯特地貌都成了独树一帜的旅游景点，如云南的石林、浙江的瑶琳仙境等等。

　　微小的水滴，默默地在石灰岩上流过。每一滴，在流经的短暂时刻，都尽可能地容纳了石灰岩。无数次的转身离去之后，它最终帮助石灰岩完成了位置和形象的转变。水滴石穿，微小的力量，为"中国天眼"成功造就了大窝凼这个地球上独一无二的优良台址。

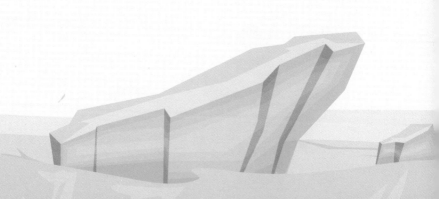

六、白云岩与多洛米蒂山

白云岩和石灰岩的亲缘关系很近，都是碳酸盐岩。白云岩呈现出灰白色，从颜色上看也与石灰岩十分相似。

但两者，似乎又很不同。

白云岩与石灰岩的差异，在于组成两者的矿物成分。白云岩的矿物成分主要是白云石，其化学成分是碳酸钙镁。这是一种通体纯白的矿石，会让人想到，是不是天上的云朵来到了地上，羡慕石头的稳重，久久不肯离去，而化作了洁白的矿石。

在野外区分这两种岩石，简便的方法是用盐酸去滴一滴。石灰岩和盐酸是一对好朋友，每当石灰岩遇上盐酸总会开心地打招呼，

直冒泡泡。这是因为石灰岩中的碳酸钙遇上盐酸会剧烈反应，分解出二氧化碳。而白云岩却不怎么喜欢盐酸，只是简单寒暄，微微冒泡，不咸不淡地表个态，原因呢，是白云岩中的碳酸钙镁与盐酸反应比较弱。

在野外，辨别白云岩和石灰岩除了用盐酸以外还可以通过白云岩上的特殊纹路。白云岩的表面往往有一道道杂乱的凹痕，像是被刀砍出来的，这种纹理被叫作刀砍纹。这是白云岩表面一些比较软弱的小岩脉，如碳酸钙等被风化侵蚀而留下的脉状痕迹。但耐风化的白云岩，虽然貌似被砍千百刀，仍偏

白云岩及表面的刀砍纹 / 刘远栋摄

强地挺立着。

从野外容易被注目的刀砍纹，到它的硬度、抗风化能力及抗盐酸的程度，都看得出来白云岩是非常有个性的——刚毅而不屈服，从而也造就了它与众不同的景观。

在阿尔卑斯山，有一座白云岩山叫作多洛米蒂山。它被认为是非常有吸引力的白云岩山地景观，入选《世界遗产名录》。多洛米蒂山脉高耸挺拔，山顶覆盖着皑皑的白雪，而裸露出的灰白色白云岩与嫩绿的草地、苍翠的树林、美丽的建筑交相辉映。

多洛米蒂山脉在创造美景的同时也在记录着阿尔卑斯山的历史。多洛米蒂山在 2.5 亿年前安静地躺在海底，形成了深厚的白云岩层。7000 万年前它浮出水面，大面积的冰川也在此形成。冰川可以对地表进行塑造，被称为冰川作用。多洛米蒂山脉被厚重的冰川所侵蚀，形成了冰斗、刃脊、角峰等典型的冰川侵蚀地貌：冰斗是由于积雪的反复冻融，造成岩石的崩解，在重力和雪融水的共同

多洛米蒂山脉景观

作用下，岩石被侵蚀成半碗状或马蹄形的洼地，这有点像我们用勺子挖蛋糕吃形成的弯曲而连续的表面；若冰斗因为挖蚀和冻裂的侵蚀作用而不断扩大，使得冰斗壁后退，相邻冰斗间的山脊逐渐被削薄而形成刀刃状，称为刃脊；而几个冰斗所交会的山峰，形状很尖，则称为角峰。同时，多洛米蒂山脉还保存着重要的三叠纪地层类型剖面，是研究二叠纪、三叠纪古生物、古地质的良好样本，它的地貌和地质价值也是它能够入选《世界遗产名录》的重要原因。

在浙江衢州的江山市，也有一处神奇的白云岩景观。它是一座白云岩石林——双塔石林，同时也是一个令人目不暇接的"海底世界"。它仿若来自史前的奇形动物，周边开满莲花的巨大台幔、木船、军舰、游戏的母子石，混搭的风格、生动的造型使人疑惑它是否真的是大自然所为。但地质学家告

浙江省江山市双塔石林（白云岩景观）

诉我们，这曾经就是一个海底世界，是纯粹的天工之作。这片石林的粗坯，形成于距今 6.9 亿年的元古宙晚期的震旦纪，在水的孕育之下，它主要由泥岩和白云岩一同构成。而在几亿年的地壳运动中它曾沉降到海平面以下，又经历了数千次的地壳变动，形成了连绵的双塔石林。

　　白云岩的形成往往伴随着长时间且稳定的沉积，同时也保留着许多生物遗迹。它记录着古生物的繁荣昌盛，也记录着地球的沧海桑田。

第四章

　　岩石中有一个门类，是特别善于应对变化的，或者说，它们就是变化本身。这就是变质岩。

　　变质岩是指由变质作用所形成的岩石，它是由地壳中先期形成的火成岩或沉积岩（也叫原岩），在环境条件改变的影响下，其化学成分、矿物成分以及结构构造发生变化而形成的。这里所指的环境条件，主要是高温高压以及化学活动性流体。在这些因素的作用下，原岩才能够发生质的变化，形成变质岩。

　　变质岩的种类非常多。形成变质岩的地质作用，按其规模大小，可分为局部变质作用和区域变质作用。

　　局部变质作用的范围比较有限，往往是由单因素主导了变质作用。如接触—热变质作用，即主要是由温度因素导致的：上地幔的岩浆，从岩浆

融会贯通变质岩

房出发，沿着通道进入地壳中；组成通道的岩石（围岩）与高温的岩浆相遇，它们吸收了岩浆的能量，矿物发生了重结晶，这种变质作用形成的岩石被叫作热接触变质岩。其他还有动力变质作用、交代变质作用等。

区域变质作用是规模巨大（数千千米）的变质作用。催发区域变质的因素很多，温度、压力、化学活性流体都会参与，如造山运动导致的造山变质作用、混合岩化变质作用等。这一类变质作用方式，有矿物的重结晶和变形、化学成分的交换以及某些部分的熔融等。

既对原岩的性质有所保留，又形成了区别于原岩的组成、结构，而成为新的岩石，是变质岩最突出的特征。在传承与改变中，变质岩达到融会贯通而自成一体的状态。

一、糜棱岩与八美石林

在青藏高原的东缘，四川省甘孜藏族自治州道孚县八美镇，有一片会变色的石林。春夏秋冬，或晴或雨，远望石林，都能够看到它颜色的微妙不同。

传说，这里是格萨尔王征战的地方。英勇的格萨尔王曾经在这里遭受埋伏，经过激烈战斗才得以脱险，他的卫士为了保护他而化身石柱，石林记录下了当年的情景。

这片石林名叫八美石林，位于墨石公园景区内。与周围山地不同的是，石林上几乎没有植被。碧蓝的天空、雪白的云朵、绿色的森林草地，充满生机的背景映衬着灰色的石林，有一种难以言说的

神奇感。初次见到，让人以为是来到了没有人烟的异域星球。

说到石林，我们常常会想到云贵高原的喀斯特石林，但八美石林非常与众不同，形成这片美丽石林的是一种变质岩——糜棱岩。

糜棱岩是在动力变质作用下形成的变质岩。糜棱岩的原岩主要是一些矿物颗粒比较粗的岩石如花岗岩等。这些岩石受到强烈的定向压力，矿物破碎而展现出定向分布，呈现出一种流线型，形成了典型的糜棱结构。在流线之间，镶嵌着颗粒较大的碎斑，这些碎斑通常是原岩颗粒，碎斑与流线组合起来仿佛一只只眼球，也像木星上的大红斑。那暗色矿物组成的流线，就像是木星表面扰动的气流。

糜棱岩的形成与分布，和断裂带的存在有着紧密的联系。八美石林的形成，源于它附近的鲜水河断裂带的活动。受第四纪以来的地壳运动影响，鲜水河断裂发育，使得之前已经初历变质的板岩，

再次受到变质作用，被地质作用的动力所碾压，形成糜棱岩。

　　这片历经地壳深处诸多变故的糜棱岩，并没有停下脚步。在青藏高原的抬升中，它们得以出露地表，接受阳光和风雨的洗礼而再塑成高原石林；也由于其含有较多的钙盐，会受到空气中含水量的影响，在不同气候条件下会产生色彩上的变化。地质作用赋予了八美石林奇异的观赏魅力，它也是道孚地区新构造运动的见证者，为地质学家及旅游爱好者们所关注。

墨石公园的糜棱岩石林 / 宋建潮摄

糜棱岩 / 刘远栋摄

八美石林糜棱岩仿佛就是一位久经沙场的英雄，把一身的创伤裸露在重力、流水、风雪的侵蚀中，让风雨带走征尘，而留下铮铮英姿，雕刻成了千姿百态、雄奇壮观的石林景观。它让人感受到自然的不朽力量，一如藏族群众心中永远的格萨尔王，被千古传唱。

二、大理岩与云龙阶石

　　云彩之南，有一个美丽的城市——大理。这个名字也被用来称呼一种当地盛产的美丽石头——大理石。

　　大理石，是一种很常见的建筑石材。室内的地面、窗台，室外的纪念碑、围栏，许多都采用大理石作为材料。从古至今许多著名的中外建筑中都有它的身影：法国的凯旋门、印度的泰姬陵以及北京故宫的云龙阶石等。这足以看出，大众对大理石的喜爱。

　　岩石学上，大理石被称作大理岩。品相好的大理石，或者纯白如雪，或者有着别致的纹理。大理岩的剖面拥有的天然形成的独特

花纹，像一幅幅古典山水画。正如永远无法找到两片一模一样的叶子，我们也永远无法找到两片纹理一模一样的大理石，每一块切片上的花纹都是孤品。

具有如此美感的花纹是怎么形成的呢？

大理岩是一种变质岩，它的原岩是沉积岩中的碳酸岩类（石灰岩、白云岩等）岩石，方解石和白云石是它主要的矿物组成。这两者含量越高，大理岩呈现出的颜色越白。纯白色的大理岩被叫作汉白玉，在希腊语中大理石（Marmaros）的意思是"雪白色、一尘不染的石头"。

大理石 / 刘远栋摄

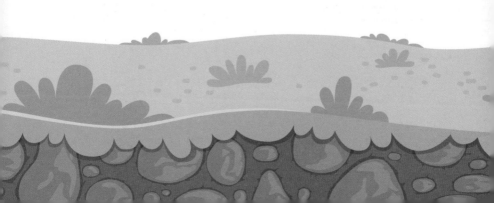

在变质作用的过程中，原岩中的矿物发生重结晶，形成了方解石和白云石紧密相嵌的结构，这一过程使原岩黯淡无奇的外表

大理石

变得洁白而亮丽，也让大理岩具有了比原岩硬度更高和更不易风化的特点。

　　而原岩中含有的少量深色矿物，被排挤到方解石和白云石晶体之外，随机地在方解石、白云石晶体的夹缝中去寻觅一线生存空间。这些原本作为杂质湮没在背景中的少量存在，阴差阳错地成为大自然画笔下的线描，行行成诗，意韵万千。特别是因为大面积的白色映衬，它们成了目光的聚焦中心，尽显丰姿。

美丽的大理石画面

中国是使用大理石最早和最多的国家之一，对大理岩有着特殊的情怀。大理石被广泛用作建筑饰面或者装饰画面，形成了具有中国文化特色的雕刻工艺传统和赏石文化。

在北京的故宫就有这么一块长16.57米、宽3.07米、厚1.70米、重量超过200吨的汉白玉石雕。这块石雕上刻着9条龙，在其下方还雕刻着5座浮山，这块石雕被叫作"云龙阶石"，位于故宫三大殿之一保和殿后面3层须弥座高台正中的御路上。这块巨大的石雕

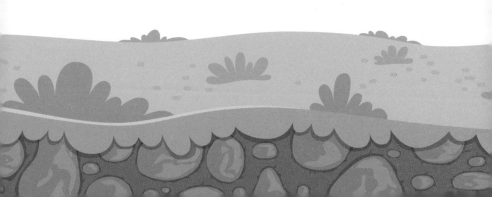

由一整块巨大的汉白玉雕刻而成，运用了各种不同的雕刻手法，变化有致，主次分明，是一件极有价值的艺术品。

　　制作云龙阶石的大理石，来自距离故宫 90 千米的房山区大石窝镇。这里有非常丰富的大理石储量，其中达到汉白玉级别的储量也相当可观。大石窝悠久的大理石开采历史，为古老北京城的工匠们进行大理石雕刻创作，提供了资源支撑。

　　大江南北，露天或厅堂之上，有无数的大理石建筑与雕刻作品，瑰丽地留传于世。而这一切的身后，起源于久远的变质作用，一场既是摧毁又是重生的变革。

　　无论是苍山洱海大理城，还是燕山山麓大石窝，大理石曾经被自然所书写。作为自然的使者，它带着美好来到人间，也在默默地记录着人类的历史。

三、石英岩与嵩山

　　在 20 世纪末 21 世纪初，以少林寺为题材的电影风靡全国，也让不少人对少林寺产生了憧憬。有的人希望前往少林寺习武圆自己的少林武侠梦，也有人希望探访藏经阁参悟高深的佛法。

　　如果您有机会去嵩山游玩，又无缘进入藏经阁，不妨去另一个地方品读藏书——嵩山有一处崖壁的岩层，如同摆放整齐的一册册书，被叫作书册崖。书册崖好像就是那藏经阁中一本本排列有序的经书，巨大、厚重，任你翻卷千遍。

　　面对如此工整的陈列，我们自然会心生疑惑，这是大自然的鬼斧神工还是古人的匠心之作？

书册崖 / 任利平供图

　　构成嵩山主体的，是石英岩。石英岩是一种变质岩，其主要矿物是坚硬的石英。石英岩的原岩是一些二氧化硅含量较高的岩石，比如沉积岩中的石英砂岩等。变质过程中，原岩中细小的石英颗粒发生重结晶，晶粒变大，而岩石整体也变得更加致密。石英结晶如白砂糖般，晶莹发亮，但如果含有一些杂质，则会拥有绿色、黄色、紫色、红色等丰富的色彩。

绚丽的石英晶体／摄于上海观止矿晶化石博物馆

　　石英岩拥有较高的硬度。这首先是因为石英本身就是一种硬度比较高的矿物；其次，变质作用又使重结晶后的石英牢牢地"抱"在一起，形成一种十分紧密的结构。因此石英岩也是一种非常好的建筑材料，特别是作为户外用石，比如用作地砖铺路。如果石英岩中的石英含量非常高，同时又具有独特的纹理或是颜色，那么它又可以用来加工成装饰品或是工艺品。

　　除了坚硬的石英岩，嵩山各个地质时代形成的地层也保留得非常完整。太古代、元古代、古生代、中生代、新生代的岩石和地层都有出露，这种难得一见的景象，被地质学界形象地称为"五世同堂"。"五世同堂"的嵩山，经历了多次沧海桑田的变化，发生了 3 次强烈的地

石英岩 / 刘远栋摄

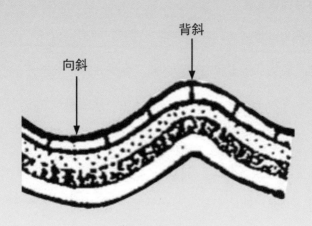

褶皱能让地层发生扭曲

壳运动——"嵩阳运动""中岳运动""少林运动"，嵩山所在区域的地壳不断地隆起、夷平、侵蚀、沉积……地层如柔韧的面，被反复揉搓、褶皱、拉伸、错位……最终形成我们现在所看到的模样。

　　书册崖的形成，与"中岳运动"息息相关。18亿年前，嵩山地区的地壳发生了剧烈的褶皱作用，抬高成山。褶皱作用能够让地层发生波浪般的扭曲，使得原本水平的地层受到挤压出现倾斜。在"中岳运动"的强烈挤压之下，石英岩地层从水平位置竖直了起来，

平地翻身直达云霄。

石英岩是变质岩，它依然带有其原岩的构造痕迹。作为沉积岩的变身，当它从水平状态翻转到直立状态，原来的节理，也在半开半合中，成为水流自上而下穿行的通道。水流温柔的手，抚过石英岩坚硬的皮肤，节理不知不觉地变宽了；紧密的地层，层与层之间慢慢宽松起来，成了似乎可以随手翻开阅读的书页。人们见其如书册侧立于书架，故给它起名为书册崖。这个故事，生动地诠释了：至刚者弱，至柔者刚。

嵩山的主体山峰有2座，即太室山和少室山。太室山有中岳庙和嵩阳书院，分别是嵩山道家和儒家的象征；少室山有少林寺，是嵩山释家的象征。不同的思想文化在此碰撞，让嵩山具有了浓厚的文化气息。书册崖上的一本本无字天书，不仅记载了嵩山"五世同堂"的地质故事，也镌刻了嵩山刚柔相济的文化内涵。

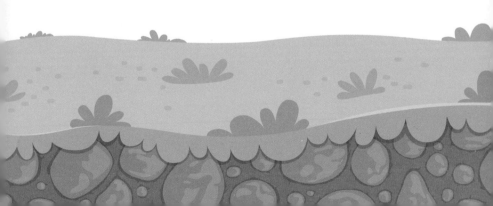

四、板岩与梵净山

　　贵州省梵净山，是著名的风景名胜。梵净山的标志，是一座仿佛神造般的高耸孤峰。这座孤峰四周都是悬崖，顶部狭窄，且孤峰的顶部因为侵蚀与风化已经从中间裂成两半，危巍险绝，仿佛只有鸟儿才能上去，才能寻得立足之地。若是碰上山腰云雾缭绕的时候，这座孤峰像是漂浮在天空上，让人不禁联想到了《天空之城》这部动漫电影中漂浮在云中央的天空之城。这座孤峰叫新金顶，每当太阳升起的时候，崖壁闪着金光，云层被染成红色，因此新金顶也被叫作红云金顶，谐音为"鸿运金顶"。

梵净山的主体岩石是变质岩。贵州拥有非常广泛而典型的喀斯特地貌，在这片"喀斯特海"中，梵净山像是一座岩石家庭中的"孤岛"。

构成梵净山山体的变质岩，主要是板岩。板岩是具有板状构造的区域变质岩，它的原岩是黏土质、粉砂质的沉积岩或是凝灰岩。变质过程中，原岩受到的变质作用相对轻微，重结晶程度轻微，明显地保留着一部分原岩的结构。在显微镜下能够看到板岩的切面薄片上有分布不均的石英、绢云母、绿泥石等矿物晶粒，但其含量最高的还是隐晶质的黏土矿物，因此光泽黯淡、质地细腻、整体感强，硬度比原岩明显提高，看上去像是一整块的板。但由于受到挤压，在它板状延伸的方向上，会出现一些密集而平坦的破裂面（也叫板状劈理），岩石极易沿此破裂面（也是片理面）剥成薄板。

　　由于它的整体性及沿板状劈理容易劈成板状岩石的特点，板岩一直以来被广泛用作建筑材料。在一些乡村，我们能够看到劈开后的板岩替代了瓦片，层层叠叠地构成了房顶；持久耐用的特点，以及劈理造成的凹凸不平整，使板岩在被用作地砖时能够起到防滑的作用。板岩在室外则一般用于外墙、屋顶和景观装饰，比如中央美术学院美术馆外墙的石材就是板岩。板岩劈理的纹路，如写意般行云流水，还在人造地砖工艺中被模仿。

梵净山的金顶

作为石灰岩地区中的"孤岛"，曾经，梵净山深埋于海底之下，且被大面积的石灰岩所覆盖。而后印度洋板块和亚欧板块的碰撞，让这片区域整体抬升。在日渐隆起的过程中，上覆的石灰岩被渐渐侵蚀，这片变质岩显山露水，形成了高耸的变质岩山峰，打破了喀斯特地貌一统天下的格局。也正是因为这种"打破常规"的特点，让梵净山具有了重要的地质学意义。

独特的岩石、迥异的外形，千百年来，人们对梵净山金顶崇敬备至。人们不畏艰险，在近乎垂直的崖壁上造了一条盘旋上升的栈

道，通向金顶；并在金顶山巅造了两间小小的庙宇，以一座石桥联结已经分裂的两片石峰。这是现实版的"天空之城"，是中国人勇气和智慧凝结的惊世之作。

在金顶周围，有许多的板岩，一层层的，远远望去就像一摞摞经书，被人们命名为"万卷经书"。如果再把视线放远一些，梵净山的主体凤凰山、新金顶、老金顶以及连接彼此的山脊，还勾勒出了一个仰卧的人形，被称为"万米睡佛"。

梵净山不仅仅是地质上的"孤岛"，更是生态上的"孤岛"。

右侧凤凰山为人脸，中间为肚子，左侧为新金顶、老金顶 / 杨帆拍摄

它保护了许多稀有动植物的生存与发展，有珙桐、黔金丝猴、熊猴、猕猴、云豹等等国家级保护动植物。梵净山良好的生态环境，让这些生灵得以在此繁衍生息。它对生物多样性的保护意义，也使得它在 2018 年 7 月 2 日的世界遗产大会上入选《世界自然遗产名录》。

五、瑕瑜互见的千枚岩

千枚岩，一种区域变质岩，拥有一个十分诗意的名字。

这个名字让我们浮想联翩，眼前如见秋日落叶翻飞，夕阳的金色光芒在一枚枚的叶片上，泛着暖黄。

而真正的千枚岩，比我们想象中的更迷人。在区域变质过程中，随着变质程度的增大，依次形成板岩、千枚岩、片麻岩。位列中间的千枚岩，经历了中等程度的变质作用，获得了一种叫作千枚状构造的特征。

千枚状构造指的是岩石受到变质作用，其中的矿物已经重结晶、变质结晶并定向排列，使得岩石呈现出片状，并且在片理面上展现

出丝绢光泽。这里有两个含义：其一是岩石有一种片状感，由其中的层状矿物定向排列所致，谓之"千枚"；其二是岩石表面有丝绸那种细腻柔和的光亮感，这是因为它的表面有大量的小片云母而形成的光学特性。手上沉甸甸的石头，像铺有一层若隐若现的丝绢。

千枚岩的原岩是泥质岩石、粉砂岩和凝灰岩，主要的矿物组合为绢云母、绿泥石和石英，也可以看到一些方解石、黑云母等矿物晶斑。由于矿物含量不同，不同的千枚岩有不同的颜色：以绢云母为主的千枚岩为银灰色，以绿泥石为主的千枚岩则是灰绿色。

如此风情的岩石，自然不是那么刚硬。它的岩性较为松软，遇到水容易泥化、软化，属于软岩大类。因此在工程建设中，要尽可能避开千枚岩层。2010 年 8 月 7 日甘肃舟曲发生特大泥石流灾害，当地的千枚岩地层也是原因之一。

千枚岩的抗风化能力比较差，且当地存在着断裂带，让这些岩石变得更松散易碎，容易被风化成岩屑，产生碎落的现象，成为泥

千枚岩 / 邓发云摄

石流的物质来源。8月7日晚上，暴雨骤降，大量雨水进入岩石裂缝，并带动大量的风化碎屑，引发了泥石流，毁坏村庄，破坏道路和基础设施，威胁人们的生命财产安全。当时遇难1557人，失踪284人，造成了巨大的损失。

另外，千枚岩是属于那种"家里有矿"的，在千枚岩层中，藏着数不尽的宝贝，为矿藏勘探工作者所喜闻乐见。它那千层饼似的岩层和容易形成破碎带的特点，使它成为许多矿产的容身之处。比

如甘肃的阳山金矿中就有千枚岩的容矿地层，在千枚岩的构造破碎带内常出现金矿化发育，局部形成金矿体；内蒙古包头的白云鄂博矿区也与千枚岩有着不小的关系。

从人类的角度看，千枚岩的特点有好的一面，也有不利的一面。事物总是存在着矛盾的两方面，对立而又统一，就如那"夕阳无限好，只是近黄昏"。自然造化了千枚岩，让我们亲近它，又不能太亲近它。这也是自然显示给我们的一个缩影，告诉我们面对万事万物之时，须保持一份敬畏之心。

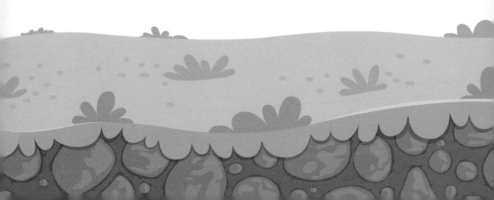

六、片岩与五台山

关于五台山，我们有许多种印象：《水浒传》中花和尚鲁智深大闹五台山；它是中国佛教四大名山之一；它宽广的台地绿茵茵地展布开来，气势非凡。

五台山的名字源于组成它的五座山峰。根据坐落方位的不同，这五座山峰分别被命名为东台、北台、西台、南台和中台。《名山志》载："五台山五峰耸立，高出云表，山顶无林木，有如垒土之台，故曰五台。"五台之中，东台的主体就是本篇的主角——片岩。

片岩是因区域变质作用形成的一种深度变质的岩石。在定向压力的持续作用下，岩石中的层状矿物如云母等，会在一个或两个方

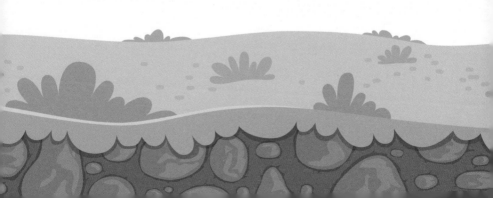

片状的云母矿物晶体

向上定向排列，形成层状的岩石构造，比较容易沿层状面裂开，但裂开面平整程度比千枚岩构造差些，这就是片岩的片状构造。

在一个方向上被拉长的矿物形成纤维状、针状，在两个方向上被拉长的矿物则是片状、板状。片岩的矿物成分主要有云母、石英、角闪石、绿泥石等。也可以根据矿物含量的高低进行分类，如以云母为主的云母片岩、以绿泥石为主的绿片岩、含滑石和蛇纹石的滑石蛇纹片岩、含角闪石的角闪石片岩等等。

　　片岩的片理结构十分明显，给人一种强烈的粗粒石质感。许多

片岩 / 李海亭摄

设计师在设计人造水景的时候会选择片岩铺在水池底部或是堆成假山。粗糙的片岩、交错的藻荇、多彩的游鱼……让整个景观浑然一体，趣味盎然。

　　形成五台山的混合岩群主要有片麻岩、石英岩和绿片岩，其中东台主要由绿片岩构成。绿片岩外貌显绿色，是一种中性或者基性火山岩等岩石经比较低级的区域变质作用形成的。东台又叫望海峰，东台看日出是五台山的著名景观之一，相传，站在峰顶的望海寺能够"极目到海瀛"。

七、片麻岩与泰山

1000 多年前的唐朝开元年间，一位满怀壮志的年轻人来到绵延辽阔、雄峻磅礴的泰山，心生凌云之志，写下这么一首诗：

望岳

岱宗夫如何？齐鲁青未了。

造化钟神秀，阴阳割昏晓。

荡胸生层云，决眦入归鸟。

会当凌绝顶，一览众山小。

这位 20 多岁的年轻人就是后来被称为"诗圣"的杜甫，借着泰山的磅礴气势抒发了自己想要为国效力、施展抱负的志向。诗中

的"岱宗"是泰山的称呼之一。古时候，泰山在人们心中有着极其重要的地位，有"泰山安，四海皆安"的说法。从秦始皇开始先后有 13 代帝王亲自登山封禅或祭祀。而如今的泰山是国家 5A 级风景区，也是世界文化与自然双重遗产。

　　泰山又被称作五岳之首，而事实上五岳中最高的山是西岳华山，那么为什么泰山是五岳之首呢？

泰山景观 / 王晓红摄

泰山的主体是古老而复杂的泰山杂岩群，有片麻岩、混合岩、侵入岩等，片麻岩占了大部分。泥岩、砂岩、粉砂岩及中酸性岩浆岩都可以通过变质作用形成片麻岩，由火成岩变质而来的片麻岩被称作"正片麻岩"，由沉积岩变质形成的则是"副片麻岩"。片麻

泰山的变质岩／王晓红摄

岩矿物组成主要为石英、长石、角闪石、云母等。而片麻岩最大的

特点是它身上的暗色与浅色矿物相间分布，呈定向或是条带状断续分布，一条条定向排列的矿物带被其他的粒状矿物切断，造成且行且断的纹路，这种奇特的构造被称作片麻状构造。迄今为止人们发现的地球上最古老的岩石是片麻岩，被称作阿卡斯塔片麻岩，已经有了 40 亿的岁数。

作为观赏石的泰山石，其中有很大一部分是片麻岩。一些片麻岩上的矿物形状被赋予了美好的寓意或是与传说故事联系在一起，被人们收藏起来作为观赏石。

距今 1 亿多年的中生代晚期，由于太平洋板块向亚欧大陆板块挤压和俯冲，地层发生了断裂和褶皱。泰山的山体沿着断裂带快速隆起，在隆起过程中经历了强烈的风化。这使得覆盖在山体顶部的厚厚的沉积岩层被大量侵蚀，让古老的泰山杂岩群得以重见天日，又经历了长年累月的风化形成了我们所看到的泰山。

以东为尊的情结、政治礼法的注入、儒家文化的融合，这些都

片麻岩 / 李海亭提供

是泰山能够成为五岳之首的原因，不单单以准确的海拔高度作为依据。还有一个十分有意思的理由，这与人的观察视角有关。泰山处在广阔平坦的华北平原中心位置，这片肥沃的平原养育出了无数人。

浙江诸暨片麻岩

对于这些生活在平原上的人来说，泰山就是第一山。由于缺乏现代测量手段，他们无法得知泰山的绝对海拔，而与周围的低地相对照，落差十分明显，相对高差很大，并且四周都是广袤的平原，无法与其他的山进行比较，久而久之就形成了泰山是第一山，是五岳之首

的认知。

　　古老而厚重的片麻岩，记录着古老而厚重的文明。如今我们的认知不再局限于秦朝"九州"的范围，有更高、更美的山被人们发现、攀登。但是这都无法动摇泰山在中华文明发展过程中的地位，它代表着齐鲁文化，是中华文化的重要组成，也是中华文化的发源地之一。"泰山安，四海皆安"这句话也在文化上拥有了新的含义。

参考文献

[1] 宋春青，邱维理，张振春. 地质学基础 [M].4 版. 北京：高等教育出版社，2005.

[2] 路凤香，桑隆康. 岩石学 [M]. 北京：地质出版社，2004.

[3] 朱江. 矿物与宝石 [M]. 重庆：重庆大学出版社，2014.

[4] 潘圣明. 山水探秘：浙江大地精品游 [M]. 杭州：浙江人民出版社，2006.

[5] 吴泰然，何国琦. 普通地质学 [M]. 北京：北京大学出版社，2003.

[6] 王根厚，王训练，余心起. 综合地质学 [M]. 北京：地质出版社，2008.

后 记

　　在本书中，我们认识了火成岩、沉积岩、变质岩三大类岩石中的 21 种岩石以及与它们有关的各种趣事儿，其实在庞大的岩石家族中还有更多的兄弟姐妹等着我们去了解。岩石体系既能被喻为家族，各类岩石之间一定或多或少存在着奇妙的联系，就像我们与亲人之间无形而又无法隔断的牵挂一样。

　　岩石的生命起源于岩浆，可以说岩浆就是它们共同的母亲。这些岩石在一次次的火山喷发中呱呱坠地。火成岩是岩浆直接冷凝后形成的岩石，它与岩浆的联系最为紧密。而在高温高压的条件下，它可以发生变质作用形成变质岩。火成岩与变质岩随着地壳的运动被抬升，受到外力的侵蚀成为碎屑，而后又经历了搬运与沉积最终固结形成沉积岩。沉积岩也可以通过变质作用形成变质岩。它们源自岩浆最终也会变回岩浆，在母亲的温暖怀抱里，它们卸下了在外界受到磨砺后坚强的伪装，表露出它们火热而又绵密的内心，和母亲化为一体紧紧相依，又在岩浆的喷涌中获得新生。

岩石不是一成不变的，它也在巨大的时间跨度中发生着变化，从初生懵懂的婴儿成长为风华正茂的青年，从年逾不惑的中年迈入日薄西山的老年。它们也拥有着平凡而又精彩的一生，有的组成了高大的山脉，有的蕴藏了丰富的矿产，有的平平无奇地躺在路边，有的炫彩夺目被人珍藏……或许你会为它们的一生或是惊叹或是遗憾，人们把自己对生老病死、贫穷富贵的看法寄托在这些岩石上，给岩石带来了另一种文化上的生命。

我们总会把地球当作一个椭圆球体，而事实上这颗由岩石组成表面的星球沟壑万千，有高耸入云的山峰，有深邃幽暗的海沟，有广袤无垠的平原，也有低缓起伏的丘陵……这是岩石的轮廓。而人类在这块"巨大的岩石"上，开辟了梯田，建立了高楼，联结了交通……这是人类文明的轮廓。人类和自然共同勾勒出这颗星球的轮廓，勾勒出大地的轮廓。

《大地的轮廓》是"石头的故事"丛书的第一册。本套丛书被列入 2021 年度浙江省社科联社科普及重点课题资助项目，2022 年 8 月被列为省级社科普及课题。在编写过程中，我们得到了各方面的大力支持和帮助。这里要特别感谢浙江省社会科学界联合会的信任，把"石头的故事"丛书的创作任务交给我们；也特别感谢在专业领域帮助我们严格把关的 4 位顾问——浙江大学叶瑛教授、浙江自然博物院金幸生研究员、中国地质博物馆卢立伍研究员、浙江省文物考古研究所史前考古室主任孙国平研究员，4 位顾问的辛勤工作使这套丛书在专业严谨性和思想创新性上都有了明显提升；还要特别感谢为本书提供图片和资料的朋友们（书中图注未标明供图者的图片由本书编写组成员提供），正是这些天南海北的热心人士无偿提供的大量资料和图片，才让本丛书图文并茂、丰富精彩，极大地增强了可读性。除此以外，我们更是衷心感谢给本书提出批评性意见的同仁，帮助我们避免了许多错误。

最后，衷心感谢杨树锋院士在百忙中抽出时间，阅读了这套丛书，提出了许多建设性的意见，并为丛书作序。杨院士的指导，将对我们今后的科普工作起到深远的促进作用。

编 者

2022 年 6 月